电与磁

（西）葆拉·纳瓦罗　（西）安琪儿·希门尼斯　文
（西）伯纳黛特·库克萨特　图
黄　蝶　译

中原出版传媒集团
大地传媒

海燕出版社

前　言

　　《电与磁》是"魔法科学实验室"丛书中的一册，所选取的科学话题非常复杂，但叙述风格依然简洁、风趣，这样，小朋友就能自信地完成实验了。

　　本书实验围绕电与磁探讨的问题，人们所知有限，或者很少有接触。本书可以帮助小朋友了解什么是电动机，哪些物体是导体，哪些物体是绝缘体，磁铁为什么能吸铁，羊毛摩擦过的气球为什么能吸纸屑，什么是磁化，什么是法拉第笼等知识。这些知识，跟我们的生活密切相关，更能激发孩子进一步探究的兴趣和动力。

　　《电与磁》不同于"魔法科学实验室"丛书的其他三册，它包含了这四册中最复杂的小实验，小朋友要在爸爸妈妈或者哥哥姐姐的指导下完成。因此，最好是几代人一起参与，共同享受这种寓教于乐的经历。

　　小朋友一定不会对《电与磁》中的实验无动于衷，相反，你们一定会深深为之着迷！

目录

最简单的电动机

实验准备：
- ◆ 剪刀
- ◆ 1块圆盘形磁铁
- ◆ 1节1.5V电池
- ◆ 1卷铜线

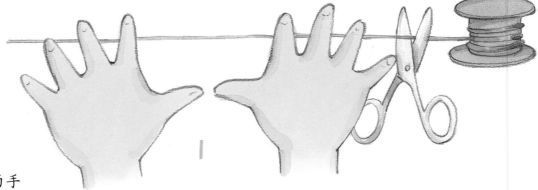

1. 剪一段长约为两手掌撑开那么宽（约35厘米）的铜线。剪时得用力点，铜线很硬的！

2. 将铜线呈螺旋状缠绕在电池上，缠完后，它看起来既像长长的卷发，又像是一座现代雕塑，多么具有艺术气息呀！

3. 将铜线一头朝电池正极（标"＋"的那一极）弯曲。然后，将整个螺旋线圈稍稍松开，让螺旋线圈变大些，好让它能够转动。注意松动过程中不要改变螺旋线圈的形状。

4. 将螺旋线圈从电池上取下，并将磁铁放在电池负极（标有"－"的那一极）下方。这时，磁铁"砰"地一下吸了上去。

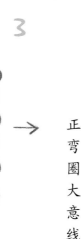

5. 把螺旋线圈套回电池上并将两端连接，一端连在电池正极，另一端则连在负极处磁铁的侧面。

实验揭秘

电动机是将电能转化为机械能（物体运动时具有的能量）的设备。本实验中，你打造了一台最简易的电动机。一旦铜线触碰磁铁，回路闭合，电流就从中流过。由于电流是在磁铁所产生的磁场中流动，产生了力的作用，使线圈旋转起来。这样，电池所提供的电能转化为了机械能，线圈就旋转起来。

6. 见证奇迹!
这时，把电池直立在桌面上，线圈开始不停地旋转起来！啊，科学魔法真有趣呀！

磁力鲨鱼

实验准备：
◆ 硬纸板
◆ 白纸
◆ 剪刀
◆ 固体胶
◆ 双面胶
◆ 彩色铅笔
◆ 回形针
◆ 直尺
◆ 绳子
◆ 1块小磁铁

1. 首先，你得发挥艺术天分，在纸上画三四条小鱼。为了得到更有趣的效果，在纸上画一条鲨鱼和几条小鱼，然后给鲨鱼涂上蓝灰色，给小鱼涂上明亮的颜色。

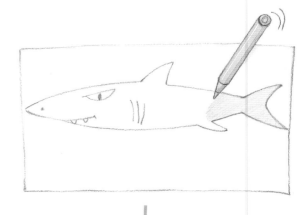

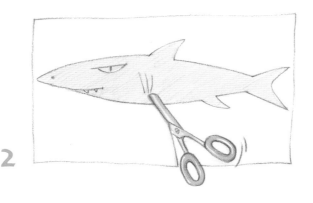

2. 把刚才画的鱼都剪下来，注意沿着所画鱼的轮廓剪。

3. 把鲨鱼粘到硬纸板上，然后沿轮廓剪下硬纸板，这条鲨鱼就更结实耐用啦。

4. 在磁铁的一面贴上双面胶，再粘到鲨鱼身上。可别出错，出错的话鲨鱼就抓不住小鱼了。

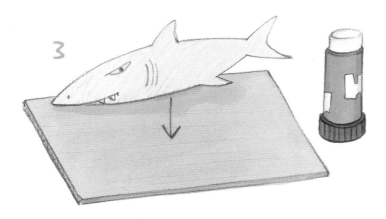

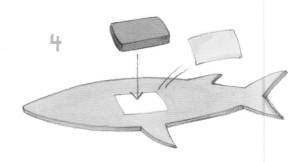

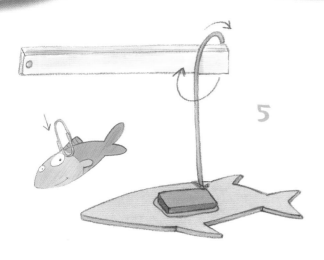

实验揭秘

磁铁虽然看似魔力无穷，但其实就是天然石头，几千年前人类就发现了磁铁矿。当然，现在用不同的金属混合也能造出人造磁铁。那么，磁铁为什么能吸铁呢？这是因为铁中有许多具有两个磁极的磁性颗粒，正常情况下，它们混杂在一起，因此，铁不显示磁性。但有磁铁作用时，这些磁性颗粒就会按一定方向整齐地排列，使靠近磁铁的一端具有与磁铁极性相反的极性而相互吸引。

5. 剪下一根长约两手掌撑开那么宽的绳子，一端系在直尺上，另一端缠在磁铁上，并用少量固体胶加固。做好后看起来像根钓鱼竿。现在该给鲨鱼准备饵食了，在五彩缤纷的小鱼身上别上回形针，就做成鲨鱼的食物了。

6.见证奇迹！

把小鱼们放在地板或桌面上。呀，大鲨鱼发现这些美味了。它已经饿坏了。它慢慢地靠近猎物，"咔"的一声，把小鱼"捉"了上来。

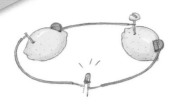

柠檬电池

1. 首先用手挤压柠檬，使它产生更多的汁液，然后，将一枚硬币插入柠檬的一端，深度约为硬币的一半，以使之牢固。

2. 将柠檬横放在桌面上，在与硬币相对的另一端插入螺丝钉。噢，这个柠檬真可怜！

实验准备：
- 2个柠檬
- 2枚镀锌螺丝钉
- 2枚五角硬币
- 剪刀
- 2根导线（铜质）
- 1个二极管（2V）

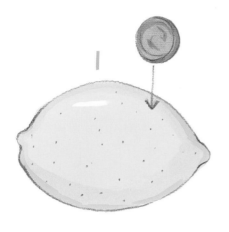

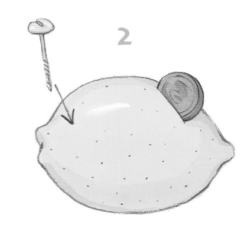

4. 把一根导线的一端缠绕在螺丝钉上，另一根导线则与硬币相连。最好把导线末端做成U形，并检查是否与硬币接触良好。

3. 用剪刀小心地剥掉导线两端外部的绝缘保护层。这一步不太好操作，最好请大人帮忙。然后把另一根导线两端的绝缘层也剥掉。

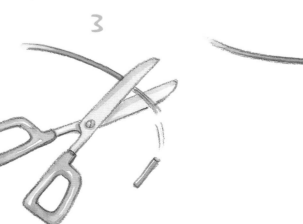

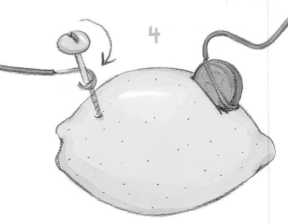

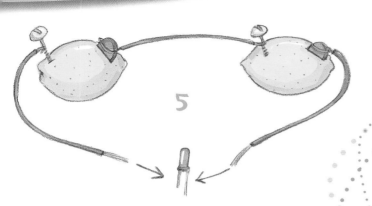

5

5. 在另一个柠檬的对应位置也分别插上硬币和螺丝钉。用导线将第一个柠檬上的硬币和螺丝钉分别与第二个柠檬上的螺丝钉和硬币相连。如图5所示，剪断其中一根导线，并剥去断口处的绝缘层。下面就要把二极管连上了。

实验揭秘

两种不同的金属即镀锌螺丝钉和铜质硬币连接在柠檬上，便共同构成了一个电极。锌可以释放电子，是阳极；铜则吸收电子，是阴极。此外柠檬中的汁液让电子从一极移动到另一极，形成微弱的电流。要让二极管发光，一个柠檬产生的电流是不够的，两个柠檬都得接上。但如果想把家里用的白炽灯也点亮，得用5000个柠檬才行哟！当然这是不可能完成也没必要的。本实验也可用其他水果或蔬菜代替柠檬，比如苹果、土豆等等。

6. 见证奇迹！

最后，把剪断的导线与二极管两个引脚相连。可别接反了，否则二极管就不能正常工作了。把二极管的长引脚（正极）与硬币相连，短引脚（负极）与螺丝钉相连。线一连上，二极管立刻就亮了起来！放在黑暗的地方，可以看得更清楚。

6

魔法气球

实验准备：
◆ 1个干燥的大脸盆
◆ 自来水
◆ 1条羊毛围巾
◆ 五彩纸屑
◆ 1只浅色气球
◆ 记号笔

1. 首先你得展示一下肺活量。把气球吹到足够大（可别吹爆了），然后系紧。

2. 按照你的喜好在气球上画上任何你喜欢的图案。我们觉得笑脸很酷，就画笑脸吧。

3. 把五彩纸屑倒进大脸盆里，倒一点点就够了，免得弄得满地都是。

4. 用羊毛围巾摩擦那只笑嘻嘻的气球，就好像要把它的光头擦得更亮似的。

5. 把气球放到脸盆上方，它"嗖"地一下把纸屑都吸了起来，像是突然长出了头发，可爱极了。

6. 见证奇迹！
用羊毛围巾摩擦后的气球，不仅能吸纸屑，还能改变水流方向。用自来水管里或者从水壶里倒出的水试试看吧。

实验揭秘

所有物质都由原子构成，每个原子都由质子和电子组成，质子带正电，电子带负电。羊毛容易失去电子，当羊毛和气球摩擦时，气球便得到电子而带上负电，因此气球靠近纸屑时，气球会和纸屑中的带负电的电子互相排斥，电子移向纸屑的另一侧。这使纸屑带正电的一侧被带负电的气球吸引，纸屑就被粘在气球上了！

海盗的指南针

1. 向容器中倒入约两指深的水，别太少，不然海盗船漂不起来。

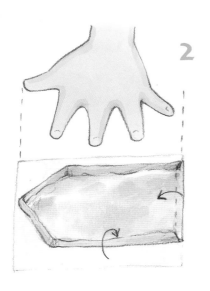

2. 剪一块约手掌大小的铝箔，剪成如图2的形状，然后把边缘折叠起来，做成船的形状。

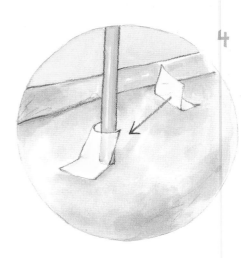

3. 按照你的喜好把小船装扮一番。可以用吸管做一根桅杆，用纸做一面海盗旗，然后用透明胶带把海盗旗和桅杆连起来。

4. 把桅杆粘到船上，桅杆不可太沉，否则把船压沉了，实验就完不成了。

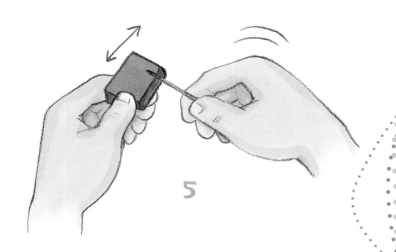

5. 捏住缝衣针，小心地将其在磁铁上摩擦片刻。对，就像这样，想象自己像海盗一样力大无穷。干得漂亮！

实验揭秘

地球就像一块巨大的磁铁，内部有磁场的作用。缝衣针在与磁铁摩擦时被磁化了，磁化就是原来没有磁性的物体获得磁性的过程。也就是说，缝衣针变成了一块小磁铁，有南极和北极，就像地球一样。磁化后的缝衣针会被地球的磁极所吸引，所以，当缝衣针在水面静止时，它的两个磁极就会指向南北方向。

6. 见证奇迹！

把摩擦过的缝衣针放在船中央。等水面平静下来后，海盗船上的针竟然缓缓指向了南北方向，这太神奇了！

自制喇叭

1. 将铜线绕成圈，呈字母O形。将线的两端伸出的接头从线圈后面绕出，打上结，如图1所示。

实验准备：
◆ 老式音乐播放设备
◆ 铜线（1~2毫米粗，1.5米长）
◆ 双股导线
◆ 1块磁铁
◆ 剪刀
◆ 绝缘胶带
◆ 各种杯子（塑料、纸质）

2. 轻轻地将双股导线一端的两根导线分开。在大人的帮助下，用剪刀把端部的绝缘层剥去，以方便和铜线圈连接。

3. 将剥好的两根导线分别与铜线圈的两端相连，可以把它们缠在一起，就像辫子或者螺旋那样。一定要连接牢固，让它们不脱离。

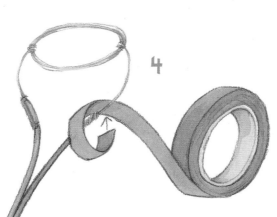

4. 在连接处缠上绝缘胶带。这一步很简单，用绝缘胶带绕着圈把接头固定好即可。

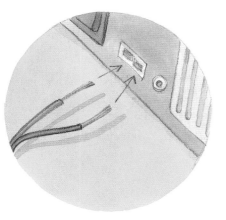

5. 把双股导线另一端的两根导线也分开，并剥掉绝缘层。接下来，把它们连到音乐播放设备背部的输出接口。

5

实验揭秘

本实验的奥秘在于，两个不同的磁场相遇了：一个是磁铁产生的，另一个是电流通过线圈时产生的。电流在磁场中流过，产生电磁力，于是铜线圈在磁铁上剧烈振动，并且振动的频率与音乐的频率一样。随着线圈的振动，声音得以传播，因为声音本身就是由物体的振动产生的。而杯子起到了扩音器的作用，因此可以听得更清楚。多亏了我们自制的喇叭！现在，随着音乐舞动起来吧！

6.见证奇迹！

打开音乐播放设备，把磁铁放在旁边，然后把铜线圈放在磁铁上。这是干什么呢？是为了让我们听歌呀！把大小各异的杯子放在铜线圈上，就能听见音乐播放设备里的歌曲了。虽然声音不大，但至少不需要再用笨重的大喇叭了。

6

自制电磁铁

实验准备：
- ◆ 1节9V方形电池
- ◆ 1把铁勺
- ◆ 导线
- ◆ 回形针
- ◆ 橡皮泥
- ◆ 剪刀

1. 切下一小块两指宽的橡皮泥，当作电池支座。这种支座能很好地支撑电池，既干净整洁，又容易制作。

2. 将电池底部放在支座中央，轻轻向下按压，把电池牢牢固定在橡皮泥支座上。用余下的橡皮泥与支座一起，做成L形，这块橡皮泥上端要高出电池一点。动手时一定要细心一些。

3. 在大人的帮助下用剪刀剥掉导线两端的绝缘层，将导线绕到铁勺的柄上，别都绕上去了，两头都得留出一段，看起来像勺子有两根天线似的。

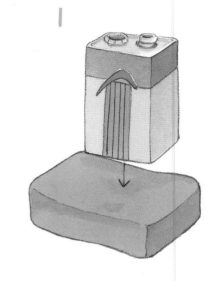

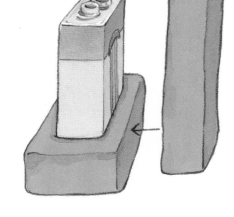

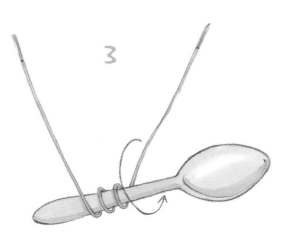

4. 将"天线"分别连到电池两极，也就是电池顶上的两个凸起上。

5. 最后，再用一块橡皮泥压在电池上端，以免导线松动。

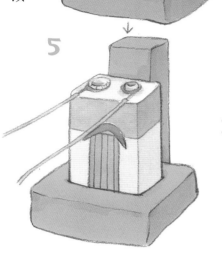

实验揭秘

导线缠绕于勺柄之上形成线圈，线圈两头与电池相连时，就有电流通过了。电子在线圈中定向移动，就产生了磁场，从而将身处线圈之中的铁勺磁化，铁勺就变成了磁铁，就能吸引回形针了。可别想用它去吸引大东西，因为它的吸引力十分有限！

6. 见证奇迹！

捏住勺柄，将勺子靠近回形针，回形针竟然被吸了上来！勺子似乎有了魔力，但事实上，它成了一块电磁铁。拿着它，你可以吸引好多好多回形针。

导体？绝缘体？这是个问题

1. 在大人的帮助下剥去导线两端的绝缘层，两根导线都要剥。可不要嫌麻烦哟！

2. 把两根导线的一端分别接到电池的两极，然后用橡皮泥固定。这方法很管用，我们前面已经用过了。

3. 把两根导线的另一端分别接到二极管的两个引脚上。二极管只有接入方向正确时才能工作，所以你得检查一下，保证这时它可以发光。仔细观察，你会发现二极管的引脚长的是正极，引脚短的则是负极。然后，将其中一根导线从中间剪断。接下来，用少许橡皮泥将二极管固定住，并在二极管后放一块黑纸板，以看清二极管是否发光。

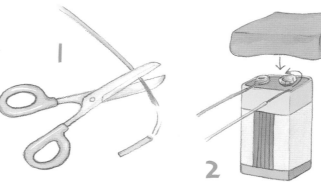

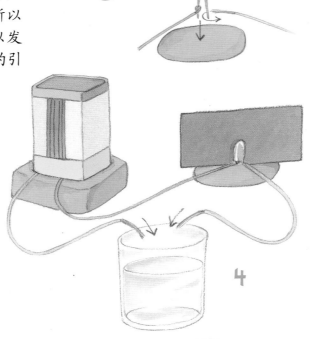

实验准备：

- ◆ 3个小玻璃杯
- ◆ 自来水
- ◆ 食用油
- ◆ 酒精
- ◆ 1节9V方形电池
- ◆ 橡皮泥
- ◆ 剪刀
- ◆ 1个二极管（2V）
- ◆ 2根导线
- ◆ 卫生纸
- ◆ 1块黑纸板

4. 向一个玻璃杯中倒入清水。我们知道，步骤3中被剪断的导线两端分别与电池和二极管相连。现在，把该导线断口处的绝缘层剥去一部分，把它们都插入水中，二极管会亮吗？会。这可不是骗人的把戏，如果你把导线从水里取出来，二极管就会熄灭。

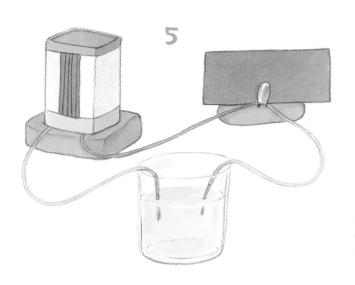

5. 再用食用油试试吧。另取一个玻璃杯倒入少许食用油，把导线两端用卫生纸擦拭干净后放入杯中，二极管亮起来了吗？

实验揭秘

一些液体可以导电，另一些液体则不能。

自来水中有很多种矿物质，因此是很好的导体，电子能在其中自由循环，使二极管发光。但是换成食用油，灯就不亮了。这是因为油和水不同，油是绝缘体，不能导电。酒精的导电能力不如水，因此用酒精时二极管能亮，但亮度不如用水时那么强。现在你知道为什么大人们告诫你不要用湿手插拔电器插头了吧。

6. 见证奇迹！

最后，再用酒精试试吧！二极管又亮起来了，只是比用清水时稍微暗一点。现在，你知道哪些液体能导电，哪些不能导电了吧？赶紧记下来吧！

冒火花的杯子

实验准备：
◆ 铝箔
◆ 剪刀
◆ 2个塑料杯
◆ 1只气球
◆ 1条羊毛围巾

1. 剪两块长方形的铝箔，要大一点，能包裹住塑料杯。

2. 用铝箔将两个杯子分别包裹起来。杯子最上面不用包上，如图2所示。最好是把铝箔卷在杯子上，就像做寿司那样！

3. 再剪一小块铝箔，折叠成一个很小很薄的长方形，夹在其中一个杯子和它的铝箔"外套"中间。杯子看起来像是在吐舌头，是吗？

4. 把吐着"舌头"的那个杯子放入另一个杯子。就像收拾杯子时那样把它们摞起来，明白了吧？

5. 把气球吹大，用羊毛围巾摩擦，让气球带上静电。然后把气球靠近伸在外面的"舌头"的尖端，并重复五六次。

实验揭秘

本实验中，你制作了一个非常简易的电容器。用羊毛围巾摩擦后的气球带上了电荷，它接触铝箔"舌头"后，两个裹着铝箔的杯子便将电荷接收储存起来。它们就像是用来储物的壁橱一样，只不过存储的是电荷罢了。你用一只手握住下面那只杯子的铝箔，另一只手的手指触碰铝箔"舌头"，你的身体便形成一个电路。经由这个电路，电容器里存储的电荷都释放了出来，所以你才会有轻微的电击感。

6. 见证奇迹！

铝箔"舌头"在气球的作用下也带上了静电。现在，你用一只手握住下方那个杯子外面的铝箔，用另一只手的指尖触碰铝箔"舌头"的尖端，这样，就形成了一个回路。哇，那是什么？杯子上冒出了火花！啊，手好麻呀！

旋转的蛋挞盒

1. 向容器中倒水，直至接近容器边缘。别倒太满，要节约用水。做完实验后，水还可以用来浇花。

实验准备：
◆ 大容器（如大碗）
◆ 1个蛋挞盒
◆ 彩色贴纸
◆ 透明胶带
◆ 1根长木棍
◆ 1块磁铁
◆ 1壶水

2. 用彩色贴纸将蛋挞盒装扮一番，既可以让它更漂亮，也能使最后的实验现象更明显。

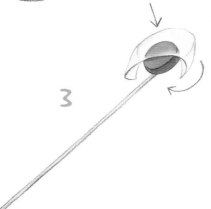

3. 用胶带把磁铁固定在木棍的一端。

4. 将蛋挞盒放在盛水容器的中央，等待水面平静下来。

5. 手持木棍，将磁铁靠近蛋挞盒中央，边用手转动木棍边向右侧移动。快瞧瞧蛋挞盒会怎样，它像被控制了似的，随着木棍动了起来！你手里握的，似乎是一根魔法棒呀！

6.见证奇迹！
让木棍向相反的方向移动，也就是边用手转动木棍边向左侧移动。蛋挞盒又跟着木棍转了起来。天哪，它一定转得头昏眼花了！

实验揭秘

蛋挞盒不是磁铁，也没有磁性。这一点很容易证明：把蛋挞盒靠近磁铁，磁铁并不吸引它。但制作蛋挞盒的材料——铝——是很好的导体。磁铁在蛋挞盒上方旋转，金属铝中的电荷定向移动，在其内部产生电流，我们称之为涡流。因此，在磁场作用下，蛋挞盒像被控制了一般，旋转起来。

易拉罐赛跑

实验准备：
◆2个易拉罐
◆不同颜色的胶带
◆剪刀
◆1支记号笔
◆2只不同颜色的气球
◆羊毛围巾

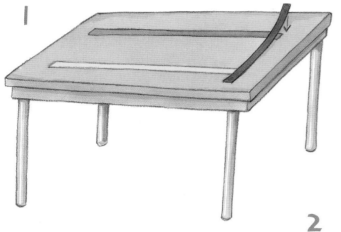

1. 剪两段长30厘米左右、颜色不同的胶带，贴在桌面上显眼的地方。这两段胶带就是跑道了。别忘了把终点线也用胶带贴出来。

2. 把两个易拉罐的底部都装饰一番，可以画个图案，或者贴张贴纸，比如贴上某支球队的队徽。

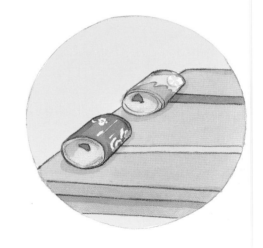

3. 将两个易拉罐放在起跑线上，让它们对齐，可不要作弊哟！

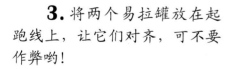

4. 把两只气球吹大，扎紧。你可以叫上一个朋友，一人吹一个，然后打个赌，看看谁的气球最后能让易拉罐先到达终点。

5

实验揭秘

我们又一次见证了静电的魔力。正常情况下，易拉罐不带电，也就是说，它内部的正负电荷数量相同。气球被羊毛围巾摩擦后，接收电子而带上负电。带了负电的气球一旦靠近易拉罐，就会吸引其中的正电荷，于是，易拉罐就像被控制了一样，被气球吸引，跟着它运动起来。在本实验中，只有设法把更多电子转移到气球上，才能获胜。所以，拿围巾用力摩擦气球吧！

5.用羊毛围巾摩擦气球，让气球带上静电。用力地擦吧！但不要把气球弄爆了。

6.见证奇迹！
将两只气球分别靠近两个易拉罐，但不要碰到它们，然后向终点线慢慢移动气球。这时，易拉罐也向终点移动起来。和朋友比一比，看谁的易拉罐移动得更快！

有个性的单摆

实验准备：

◆ 大米或小扁豆
◆ 1个带盖罐头瓶
◆ 绳子
◆ 1块硬纸板
◆ 透明胶带
◆ 1支铅笔
◆ 剪刀
◆ 1把小铁锤
◆ 1块磁铁

1. 在罐头瓶里装上大米（或小扁豆），盖上盖子。咱们可不是要做饭啊，只是为了让瓶子更沉一些！先装一半就行，要是觉得不够，稍后再加。

2. 用透明胶带把铅笔粘在瓶盖上，要粘牢了，免得它掉下来！

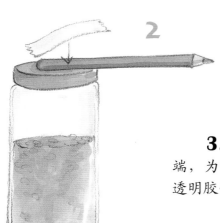

3. 把磁铁系在绳子的一端，为了更加牢固，可以粘上透明胶带。

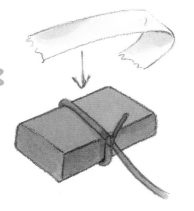

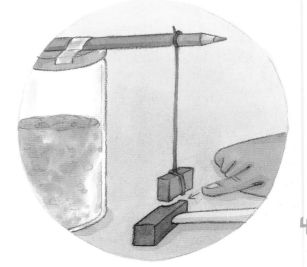

4. 要完成单摆制作，还需要干什么呢？首先，剪断绳子，要注意长度：提起绳子，让绳子上的磁铁离下方的小铁锤有约一指宽的距离，留出方便系在铅笔上的长度后，剪断绳子。把绳子系在铅笔上，一个简单的单摆就做成了。

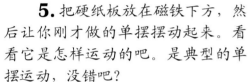

5. 把硬纸板放在磁铁下方，然后让你刚才做的单摆摆动起来。看看它是怎样运动的吧。是典型的单摆运动，没错吧？

实验揭秘

把硬纸板放在磁铁下方时，由于磁铁不能吸引纸板，摆锤不受影响，按原来的轨迹运动。摆锤最终会停下来，并不是纸板造成的，而是周围空气摩擦力的作用。把纸板换成铁锤，情况就不同了。磁铁的磁场会对铁锤产生磁力作用，所以摆锤每次经过铁锤时就变慢一些，直到停止摆动。

6. 见证奇迹！

把硬纸板挪走，把小铁锤放在磁铁下方。然后把磁铁拉到一侧，放开后，看看它会如何摆动，或者——根本就不动？

指南针罢工了

实验准备:

◆ 1个指南针

◆ 各种家用电器（笔记本电脑、电吹风、搅拌机等）

1. 首先，确认指南针工作正常，这样实验才能成功。

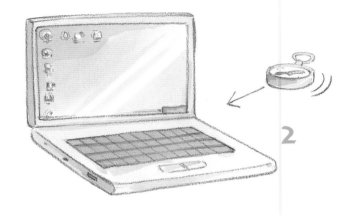

2. 先选一个可以用电池（不用插电源线）的电器，比如笔记本电脑。把指南针靠近它，会发生什么？咦，指针方向变了！

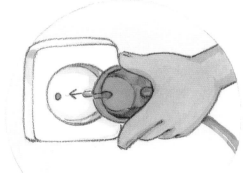

3. 估计是电脑搞的鬼。我们用需要插电源线的电器再试试，比如电吹风。插上电源线，打开开关。插电源线时一定要注意安全啊！

4. 将指南针慢慢靠近电吹风时，指针也会动吗？

5. 用手边的电器再做一次实验，比如收音机，说不定音乐可以让指南针镇定下来呢！先在远一点的地方握住指南针，然后慢慢靠近收音机。天哪，指针还是会乱转起来！

实验揭秘

本实验证明，电流会在周围产生磁场。打开电器，其中的电流便产生磁场。指南针靠近电器时，受到这个磁场的影响而使指针发生偏转。若电器中有发动机，效果更明显，比如电吹风、搅拌机、电风扇等等，去试一试吧！

6.见证奇迹！

如果你仍觉得好奇，或者想要证实电器让指南针讨厌或者让它感到紧张，那就再把指南针靠近其他电器验证一下吧，比如搅拌机、剃须刀等等。

摇摆的葡萄

实验准备：

◆ 2个高度相同的敞口杯
◆ 1把直尺
◆ 透明胶带
◆ 剪刀
◆ 绳子
◆ 1根牙签
◆ 1根吸管
◆ 1块磁铁
◆ 2颗大小差不多的葡萄

1. 将两个敞口杯分开一定距离摆放在桌子上。将直尺放在两个杯子上，用透明胶带把直尺和杯子粘紧。

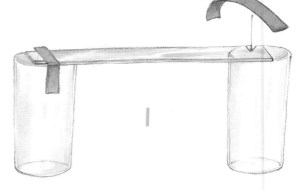

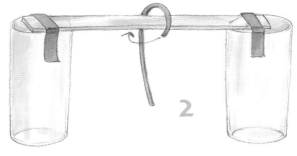

2. 将绳子一端系在直尺中间，另一端在离桌面约四指的高度处剪断。

3. 将牙签系在绳子垂下来的那一端。要从牙签中部牢牢系住。

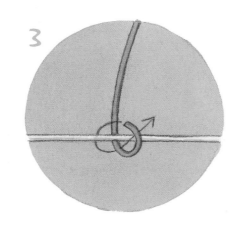

4. 把两颗葡萄分别插到牙签两端，要保持平衡，不能让牙签倾斜。

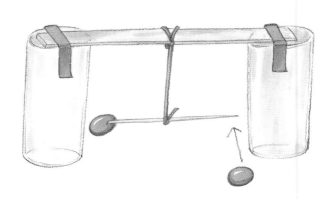

5. 用磁铁、吸管、透明胶带做一根魔法杖。怎么做呢？只要把磁铁粘在吸管的一端就可以了。

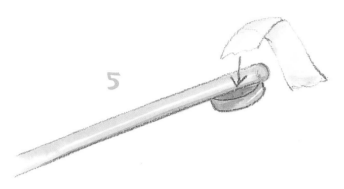

实验揭秘

磁铁为什么会排斥葡萄呢？秘密在于，葡萄和其他很多水果一样，含有大量水分，而水是一种反磁性物质。我们知道，铁、钴、镍等能被磁铁吸引，与此相反，水、金、铜、石墨等反磁性物质会被磁铁排斥。反磁性物质在很强烈的磁场内仅能产生极微弱的磁性，葡萄的反磁性也一样，是很微弱的。

6. 见证奇迹！

将磁铁靠近葡萄，注意，不要碰到它们。这时，插着葡萄的牙签旋转了起来。天哪，好像磁铁不喜欢它们，在把它们推开呢！

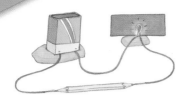

铅笔能导电？

1. 又要剥导线绝缘层了，你已经在前面的实验中尝试过了。要是剥得不错，那就继续，不然就请爸爸妈妈帮忙吧。要把两根导线两端的绝缘层都剥掉。

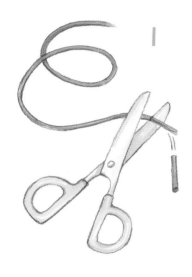

2. 把导线分别连到9V电池的两极上，并摁上一块橡皮泥固定，以免导线滑脱。

3. 把两根导线的另一端分别绕在二极管的两个引脚上，别忘了只有朝一个方向接入时，即要将电池的负极和二极管的正极相连，电池的正极和二极管的负极相连，二极管才能发光。二极管的引脚长的为正极，短的为负极。为了看清二极管是否发光，可在它后面放一块黑纸板，然后将它固定在橡皮泥上。

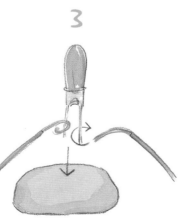

4. 轮到铅笔上场了，把它削尖，两头都得削哟！

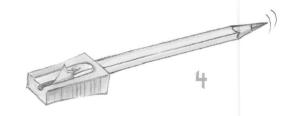

5. 剪断其中一根导线，将断口处的绝缘层剥掉一段，这样就可以用来连接铅笔了。

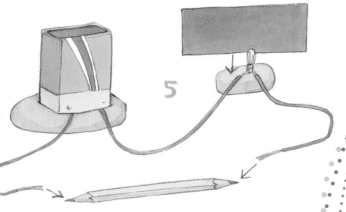

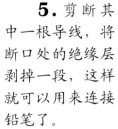

实验揭秘

这个实验告诉我们，有些物质能导电，而另一些物质则不能导电。铅笔芯是石墨做成的，能导电，因此铅笔芯能用来构建临时电路，使二极管发光。而铅笔的木质部分就不能让二极管发光了，因为它和导线外面的塑料皮一样，是绝缘体，不能导电，因此在电路连通时，你即使去触摸它，也不会触电。

6. 见证奇迹！

把剪断的导线两端分别连接到铅笔两端的笔尖上，二极管就亮；把导线挪开，或接到铅笔的木质部分时，二极管就熄灭。铅笔可真神奇，它能导电！

您拨打的电话不在服务区

实验准备：
◆ 铝箔
◆ 剪刀
◆ 1个闹钟
◆ 2部手机

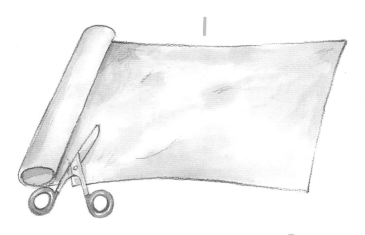

1. 剪下一块大概A3纸大小（尺寸为420毫米×297毫米）的铝箔。

2. 将铝箔对折，然后小心地将边缘折起来，做成一个铝箔"信封"。这个信封用来寄信当然不行，但在实验中却可以大显神通。

3. 将闹钟调好，让它响起来。呀，吵死人了！这就像早上被闹钟吵醒却迟迟不愿起床的情形。是吗，小懒虫？

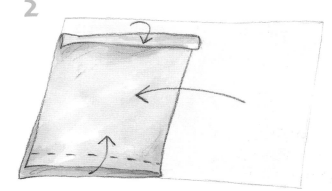

4. 把闹钟放进铝箔"信封"，将封口紧紧合上，不必使用透明胶带，只要折叠一下就行了。这时，闹钟还是响个不停。

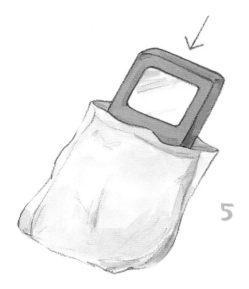

5. 把闹钟取出来吧，吵得让人心烦。放一部手机进去，再次合上铝箔"信封"。

实验揭秘

将闹钟放到铝箔"信封"里时，它依然响个不停，这是因为虽然闹钟被装在里面，声音仍能穿透铝箔并传播。然而手机、收音机等通信设备工作时依赖的是电磁波，电磁波是无法穿透铝箔的，所以你就打不通电话了！这种用金属做成的闭合容器被称为法拉第笼，它可以起到屏蔽作用，常用于飞行系统中，保护航空通信导航监视设施。

6. 见证奇迹！

用另一部手机拨打装在铝箔"信封"里的手机，听到铃声了吗？没有？可它刚才还好好的呀！天哪，电话里说"您拨打的电话不在服务区"！这怎么可能呢？

Original title in Catalan:
Experiments al.lucinants amb electricitat i magnetisme(c) Copyright GEMSER PUBLICATIONS S.L. , 2013
C/ Castell, 38; Teià (08329) Barcelona, Spain (World Rights)
Tel: 93 540 13 53
E-mail : info@mercedesros.com
Website: www.mercedesros.com
Illustrator : Bernadette Cuxart
Author : Paula Navarro & Àngels Jiménez

著作权合同登记号：图字16-2014-095

图书在版编目（CIP）数据

电与磁/(西)纳瓦罗, (西)希门尼斯文；(西)库克萨特图；黄蝶译.—郑州：海燕
出版社，2015.8（2016.9重印）
（魔法科学实验室）
ISBN 978-7-5350-6251-2

Ⅰ.①电… Ⅱ.①纳… ②希… ③库… ④黄… Ⅲ.①电磁学-科学实验-儿童读
物 Ⅳ.①0441-33

中国版本图书馆CIP数据核字(2015)第076817号

选题策划	刘 嵩	责任编辑	冯锦丽 王 森
美术编辑	李岚岚	责任校对	李红彦
责任印制	邢宏洲	责任发行	曹咏梅

出版发行 **海燕出版社**
（郑州市北林路16号 450008）
发行热线 0371-65734522
经 销 全国新华书店
印 刷 深圳市富达泰包装印刷有限公司
开 本 889毫米×1194毫米 1/12
印 张 3
字 数 60千
版 次 2015年8月第1版
印 次 2016年9月第3次印刷
定 价 22.00元